Harshal S. Bhore

Conceção e desenvolvimento de um sistema de tração de esfera única para CVT

Harshal S. Bhore

Conceção e desenvolvimento de um sistema de tração de esfera única para CVT

ScienciaScripts

Imprint

Any brand names and product names mentioned in this book are subject to trademark, brand or patent protection and are trademarks or registered trademarks of their respective holders. The use of brand names, product names, common names, trade names, product descriptions etc. even without a particular marking in this work is in no way to be construed to mean that such names may be regarded as unrestricted in respect of trademark and brand protection legislation and could thus be used by anyone.

Cover image: www.ingimage.com

This book is a translation from the original published under ISBN 978-620-2-07445-2.

Publisher:
Sciencia Scripts
is a trademark of
Dodo Books Indian Ocean Ltd. and OmniScriptum S.R.L publishing group

120 High Road, East Finchley, London, N2 9ED, United Kingdom
Str. Armeneasca 28/1, office 1, Chisinau MD-2012, Republic of Moldova, Europe
Printed at: see last page
ISBN: 978-620-7-88346-2

Conteúdo

Capítulo 1

INTRODUÇÃO

O sistema de transmissão por tração tem sido utilizado para vários fins e em vários ambientes. O sistema de tração é utilizado principalmente em aplicações CVT (transmissão continuamente variável). Os sistemas de tração podem ser uma alternativa ao sistema de engrenagens. A vantagem da transmissão por tração é a suavidade das superfícies de tração, que proporcionam uma relação de variabilidade e uma capacidade para velocidades mais altas e mais baixas do que as engrenagens. Os sistemas de transmissão permitem a conversão de velocidade e binário de uma fonte de energia rotativa para outro dispositivo. Mecanicamente, um sistema de transmissão numa aplicação automóvel é complexo e é necessário para desligar e ligar a unidade de tração do motor às rodas, conforme necessário; reduzir a velocidade de rotação do motor; e variar a relação de transmissão conforme exigido pelo condutor para corresponder ao binário exigido nas rodas. Assim, a transmissão eficiente da potência do motor para as rodas de um veículo automóvel é um dos maiores desafios que os engenheiros automóveis enfrentam. O conceito de tração de esfera única consiste numa esfera que roda entre dois cones. O acionamento real é constituído por um cone de entrada, um cone de saída e uma esfera, sendo fornecido um suporte especial para a esfera em rotação. A esfera é rodada entre o cone de entrada e o cone de saída. A posição total da esfera é controlada por um botão rotativo, a posição total da esfera para cima e para baixo é controlada por um botão rotativo. Para efetuar a investigação do desempenho, foi criado um conjunto experimental especial para determinar as características de desempenho. O acionamento de tração de esfera dupla é utilizado em várias indústrias automóveis. Mas tem alguns inconvenientes importantes no que respeita à transmissão de potência e ao design. No meu projeto, minimizei alguns inconvenientes e simplifiquei o design. Com este projeto "Tração de esfera simples", estou a tentar melhorar a transmissão de potência reduzindo os possíveis factores de desgaste. No acionamento de tração de esfera dupla, são utilizadas duas esferas para a transmissão de potência, mas no meu projeto estou a utilizar uma única esfera para a transmissão de potência, o que reduz a compacidade do design e o custo de fabrico. Também reduz o fator de ruído e melhora a eficiência.

Os dispositivos de transmissão mecânica permitem a transmissão de energia e potência através do espaço físico e permitem a correspondência entre as diferentes características das fontes de energia e das cargas. Uma alavanca, por exemplo, converte uma pequena força aplicada numa longa distância numa grande força aplicada numa pequena distância, ou uma caixa de velocidades converte um pequeno binário num grande ângulo num grande binário num pequeno ângulo. Além disso, com a crescente preocupação socioeconómica e ambiental, o consumo de energia dos automóveis tornou-se um elemento-chave no atual debate sobre o aquecimento global. Ao longo das últimas décadas, os veículos têm sido cada vez mais confrontados com normas rigorosas de desempenho, emissões e economia de combustível, impulsionadas por forças regulamentares e de mercado. As emissões de dióxido de carbono (CO2), o principal gás com efeito de estufa produzido pelo sector dos transportes, têm aumentado de forma constante, juntamente com as viagens, a utilização de energia e as importações de petróleo. A economia de combustível dos veículos desempenha um papel crucial na determinação da emissão de gases com efeito de estufa de um automóvel. Há três formas fundamentais de reduzir as emissões de gases com efeito de estufa do sector dos transportes: (a) aumentar a eficiência energética dos veículos de transporte, (b) substituir fontes de energia com baixo teor de carbono por fontes de carbono intensivo (ou seja, a utilização de tecnologias de combustíveis alternativos), e (c) reduzir a atividade de transporte. Com o enorme crescimento do consumismo e da urbanização, há pouca margem para que a redução das emissões ocorra através de uma diminuição da quantidade de utilização de veículos. Para conseguir emissões mais baixas e um melhor desempenho, é necessário captar e compreender as interacções dinâmicas detalhadas num sistema CVT, de modo a que possam ser concebidos controladores eficientes para superar as perdas existentes e aumentar a economia de combustível de um veículo. Existem muitos tipos de CVT, cada um com as suas próprias características, por exemplo, CVT esférica, CVT hidrostática, E-CVT, CVT toroidal, CVT Power-split, CVT de correia, CVT de corrente, CVT toroidal do tipo multi-esferas, CVT Milner, etc. Com as crescentes preocupações sobre o impacto das emissões de CO2 e NOX dos automóveis na biosfera, combinadas com a atual escassez de petróleo bruto e o aumento do custo dos combustíveis, a necessidade de encontrar soluções que reduzam o consumo de combustível e as emissões dos automóveis do futuro está mais do que nunca presente. As actividades de investigação e desenvolvimento no variador toroidal completo controlado por binário estão estrategicamente orientadas para estas exigências da sociedade. Em princípio, as CVTs são transmissões ideais, uma vez que efectuam uma mudança contínua e sem etapas da relação de velocidade. Isto permite a otimização do funcionamento do motor, assegurando simultaneamente uma experiência de condução confortável e um elevado desempenho dinâmico do veículo. Uma CVT pode ser considerada como um sistema dedicado à conversão do binário fornecido pelo motor principal para as máquinas que são accionadas.

1.1 Motivação

T Existem muitas máquinas e unidades mecânicas que, em circunstâncias variáveis, tornam desejável a possibilidade de conduzir a uma velocidade pouco percetível, a uma velocidade intermédia ou a uma velocidade elevada. Assim, uma variação de velocidade infinitamente variável (step less) na qual é possível obter qualquer velocidade desejável. Alguns accionamentos mecânicos, hidráulicos, funcionam como accionamentos step less. No entanto, a caraterística binário vs. velocidade destes accionamentos não corresponde ao binário a baixas velocidades. Por conseguinte, a necessidade atual é conceber um sistema de transmissão com variação de velocidade por etapas.

1.2 Objectivos

Os principais objectivos deste trabalho de projeto são resumidos da seguinte forma A necessidade de um variador de velocidade infinitamente variável com as seguintes características.

1. Velocidade de passo inferior ou infinitamente variável.

2. Ampla gama de variação de velocidade, ou seja, (Nmax - Nmin).

3. A mudança de uma velocidade para outra deve ser menos chocante.

4. Número mínimo de comandos para a mudança de velocidade.

5. Facilidade de utilização.

1.3 Organização do projeto

O procedimento para concluir o projeto está dividido em etapas,

Passo 1: Avaliar e estudar a atual CVT e descobrir os problemas.

Etapa 2: Nesta fase, procura-se encontrar soluções para os problemas.

Etapa 3: Esta fase inclui a seleção da melhor solução em termos de velocidade, binário, potência e eficiência.

Etapa 4: Alteração da conceção do CVT.

Etapa 5: Esta fase inclui o fabrico e a montagem da CVT modificada.

Passo 6: Esta fase final inclui o teste da CVT modificada e a preparação da tabela de resultados com gráficos. Por fim, são apresentadas as observações finais e as perspectivas futuras com base nos resultados actuais.

Capítulo 2

REVISÃO DA LITERATURA

2.1 Introdução

Está em curso uma grande investigação sobre a transmissão automática no sector automóvel. O sistema de transmissão é um dos sistemas mais importantes em todos os automóveis e tem um impacto significativo na sua eficiência. Os grandes fabricantes de automóveis consideraram os sistemas de Transmissão Variável Contínua (CVT) como sistemas de transmissão superiores.

2.2 Estudos anteriores

Uthale et al. [1] explicaram que há muitas máquinas e unidades mecânicas que, em circunstâncias variáveis, tornam desejável a possibilidade de se deslocarem a uma velocidade pouco percetível, a uma velocidade intermédia ou a uma velocidade elevada. Daí uma variação de velocidade infinitamente variável (step less) na qual é possível obter qualquer velocidade desejável. Alguns accionamentos mecânicos, hidráulicos, funcionam como accionamentos step less. Contudo, a caraterística binário vs. velocidade destes accionamentos não corresponde ao binário a baixas velocidades. De acordo com os requisitos de funcionamento, é necessário manter várias velocidades. Para manter essas várias velocidades, não são fornecidos quaisquer controlos de velocidade, que são complicados de operar, em vez disso, é fornecido apenas um controlo de botão para obter várias gamas de velocidade com a ajuda de um acionamento de tração de esfera única.

Marathe et al. [2] referiram que os accionamentos são basicamente utilizados para transmitir potência e velocidade do motor principal para a máquina. A transmissão de potência e a redução de velocidade entre o motor primário e a máquina accionada podem ser conseguidas utilizando accionamentos convencionais como acionamento por correia, acionamento por cabo, acionamento por corrente, engrenagens, etc., com as suas numerosas vantagens e desvantagens. Existem muitas máquinas e unidades mecânicas que, em circunstâncias variáveis, tornam desejável a possibilidade de acionamento a uma velocidade pouco percetível, a uma velocidade intermédia ou a uma velocidade elevada. Assim, uma variação de velocidade infinitamente variável (step less) na qual é possível obter qualquer velocidade desejável. Alguns accionamentos mecânicos, hidráulicos, funcionam como accionamentos step less. Contudo, as características de binário versus velocidade destes accionamentos não correspondem ao binário a baixas velocidades. Por conseguinte, surgiu a necessidade de um acionamento de velocidade infinitamente variável. O acionamento apresentado no final deste trabalho de investigação é um acionamento de tração de esfera única para sistemas de transmissão continuamente variável. A dissertação inclui uma breve história dos accionamentos existentes, uma metodologia de previsão da velocidade e uma análise do desempenho do acionamento desenvolvido.

Pour et al. [3] sugeriram que o sistema de transmissão é um dos sistemas mais importantes em todos os automóveis e que tem um impacto significativo na sua eficiência. Os grandes fabricantes de automóveis consideraram os sistemas de Transmissão Variável Contínua (CVT) como sistemas de transmissão superiores. A correia de transmissão metálica e as polias variáveis são um dos tipos mais populares de CVT utilizados nos automóveis, uma vez que podem provocar uma melhor aceleração devido a uma relação de transmissão mais baixa e um melhor consumo de combustível devido a uma relação de transmissão mais baixa. Este documento mostra como a substituição da CVT pela MT pode afetar as várias especificações de um determinado veículo, comparando a relação de binário, a rotação de saída, a força motriz, a aceleração do automóvel e o consumo de combustível no automóvel-alvo equipado com CVT com o automóvel equipado com o sistema MT. Posteriormente, é concebido um novo mecanismo para a caixa de velocidades planetária da CVT e é discutido o seu efeito na expansão da gama da relação de binário e na melhoria da aceleração do automóvel. A CVT com o novo mecanismo pode expandir a gama de rácio de binário até 10,58% e aumentar a aceleração de arranque até 92% em comparação com a MT convencional.

Pasquier [4] apresentou que a equipa de Sistemas de Veículos do Centro de Investigação de Transportes (CTR) modificou uma Transmissão Continuamente Variável (CVT) Nissan CK-2 para uma aplicação de grupo motopropulsor híbrido a diesel. Foram efectuadas modificações mecânicas e eléctricas na CVT, tanto internas como externas à transmissão. O objetivo desta experiência foi investigar e demonstrar o potencial da CVT para motores diesel de veículos híbridos eléctricos (HEVs) em termos de economia de combustível e emissões. A configuração do ensaio consistiu num motor diesel acoplado a um motor elétrico que acciona uma transmissão continuamente variável (CVT). Esta transmissão híbrida está ligada a um dinamómetro e a uma fonte de energia eléctrica DC, criando um contexto de veículo através da combinação de modelos informáticos avançados e técnicas de emulação. A experiência centra-se no impacto que determinadas estratégias de controlo da transmissão têm na economia de combustível e nas emissões medidas, especificamente, óxidos de azoto (NOx) e partículas (PM). O mesmo hardware e procedimento de ensaio foram utilizados ao longo de toda a experiência para avaliar o impacto de diferentes abordagens de controlo.

Zhang et al. [5] concluíram que a eficiência da transmissão é um dos principais factores limitantes da montagem em grande escala de um veículo com CVT de correia metálica. Neste trabalho, investiu-se na eficiência da transmissão CVT com correia metálica e o banco de ensaio foi estabelecido com o motor L13A3, a MB-CVT, o travão, o sensor de entrada, o sensor de saída, o acoplamento e o semi-eixo. Os resultados do ensaio de eficiência mostram que, com a diminuição da relação de transmissão, a eficiência da CVT começa por aumentar e depois diminui. A gama de eficiência é de cerca de 45%-

89% na parte de aumento, a gama de eficiência é de cerca de 85%-89% na parte de diminuição, a eficiência atinge o máximo quando a relação de transmissão é 1. As conclusões são consistentes com outras conclusões, demonstrando assim que a base de ensaio de eficiência da transmissão estabelecida é racional e que os resultados da experiência são fiáveis.

Bdran et al. [6] apresentaram neste documento uma panorâmica geral da CVT de correia de transmissão por impulso, com ênfase nos conceitos de rácio, deslizamento e controlo da taxa de variação do rácio. O controlo exato da transmissão CVT é essencial para alcançar a economia de combustível pretendida, assegurar uma boa dirigibilidade e, além disso, maximizar a eficiência da CVT.

Chaudhari et al. [7] investigaram neste documento o aumento constante dos preços dos combustíveis no dia a dia, o desempenho máximo com o mínimo de compromisso em termos de economia de combustível e emissões é altamente desejável e esperado do sistema de transmissão de um veículo. Estas CVT com transmissão por fricção eram comuns na produção de binários mais elevados, o que tornou necessária a mudança para engrenagens fixas, capazes de transferir binários elevados e com melhores características de desgaste do que as CVT dependentes da fricção. Só nos últimos anos, com o advento de materiais e tecnologias avançados, é que as CVT dependentes do atrito voltaram a ser aplicadas comercialmente na indústria automóvel. Para fornecer uma base e uma motivação para a investigação apresentada, este capítulo começa por apresentar uma transmissão.

Reddy et al. [8] realizaram uma experiência e descobriram que a transmissão continuamente variável (CVT), em teoria, tem um número ilimitado de relações de transmissão entre as definições mais elevadas e mais baixas. Mas a maioria das CVTs são complexas, caras, têm baixa eficiência e não são escaláveis. Um novo tipo de CVT, a Transmissão Planetária Continuamente Variável (CVPT), combina a CVT de tração toroidal com a versatilidade da disposição das engrenagens planetárias para criar uma transmissão de baixo custo e altamente eficiente para veículos motorizados e movidos a humanos. Embora o CVPT utilize a tração por rolamento para distribuir o binário, tal como os CVT toroidais, distribui o binário transmitido por várias esferas numa configuração inerentemente estável. As esferas rotativas entre a secção de entrada e saída da CVT inclinam-se para variar a velocidade de transmissão. À medida que as esferas se inclinam, alteram os seus diâmetros de contacto para variar a relação de velocidade. Isto reduz as pressões de contacto e melhora a durabilidade, a estabilidade e a densidade do binário. Além disso, uma vez que utiliza uma disposição planetária, o binário pode ser somado ou dividido. No presente trabalho, foi montado um CVPT numa bicicleta para realizar as experiências. Normalmente, a inclinação das esferas para mudar as relações de transmissão é feita manualmente, no entanto, no nosso caso, isto foi obtido automaticamente. Para a mudança automática de velocidades, é utilizado um atuador de mudanças, um controlador e uma bateria para alimentar este circuito. Além disso, foram obtidos resultados com variações de velocidade de uma bicicleta com e sem CVPT. Com base nos resultados obtidos, são traçados e analisados gráficos.

Welkar et al. [9] explicaram que existem muitas máquinas e unidades mecânicas que, em circunstâncias variáveis, tornam desejável a possibilidade de se movimentarem a uma velocidade pouco percetível, a uma velocidade intermédia ou a uma velocidade elevada. Os movimentos primários das máquinas-ferramentas são accionados por potência. Assim, uma variação de velocidade infinitamente variável (contínua) na qual é possível obter qualquer velocidade desejável. Alguns accionamentos mecânicos e hidráulicos funcionam como accionamentos contínuos. O sistema de acionamento por tração tem sido utilizado para vários fins e em vários ambientes. O acionamento por tração é utilizado principalmente em aplicações CVT (transmissão continuamente variável). Os sistemas de acionamento por tração podem ser uma alternativa ao sistema de engrenagens. A vantagem do sistema de tração é a suavidade das superfícies de tração que proporcionam uma relação de variabilidade e uma capacidade para velocidades mais altas e mais baixas do que as engrenagens. O presente documento analisa o estado da arte da investigação sobre o controlo de transmissões continuamente variáveis limitadas por fricção, utilizando o acionamento por tração de esferas livres.

Ghariblu et al. [10] relataram o projeto e a análise de uma transmissão continuamente variável do tipo bola (B-CVT). Esta B-CVT tem uma estrutura cinemática simples e, tal como uma CVT toroidal, transmite potência por fricção nos pontos de contacto entre os discos de entrada e de saída, que estão ligados entre si por esferas. Após uma breve introdução da nossa estrutura B-CVT, é analisado o desempenho e a eficiência de tração da B-CVT. A geometria e a relação de velocidade da CVT proposta são obtidas. Em seguida, ao determinar as áreas de contacto entre os elementos rotativos e a distribuição de tensões através dos mesmos, calcula-se a capacidade de binário da B-CVT. Em seguida, é calculada a perda de potência do sistema causada por vários parâmetros, como a disposição relativa dos elementos rotativos e a velocidade relativa nas áreas de contacto. Finalmente, depois de apresentar a influência das diferentes condições geométricas e de montagem na eficiência do sistema, a eficiência do sistema é comparada com a eficiência de uma CVT toroidal.

Seelan [11] sugeriu que a transmissão continuamente variável (CVT) oferece um conjunto contínuo de relações de transmissão entre os limites desejados. Isto permite que o motor funcione mais tempo na gama óptima. Em contrapartida, as transmissões automáticas e manuais tradicionais têm várias relações de transmissão fixas que obrigam o motor a funcionar fora da gama óptima. A necessidade de um sistema de transmissão e o princípio de funcionamento da CVT foram discutidos em pormenor. Foi feita uma tentativa para compreender a contribuição dos actuadores hidráulicos, que são parte integrante de uma CVT. Além disso, foi respondida a questão de como e porquê um conversor de binário substituiu eficazmente uma embraiagem convencional. Os materiais utilizados, os aspectos construtivos e a análise das tensões da correia foram discutidos em pormenor. Inclui-se uma comparação gráfica da eficiência de combustível entre uma transmissão manual e uma CVT em diferentes veículos topo de gama. Desenvolvimentos recentes no controlo da força de aperto da correia de transmissão continuamente variável (CVT) resultaram num aumento da eficiência em combinação com uma maior robustez. As estratégias de controlo actuais tentam evitar o deslizamento macro entre elementos e polias em todos os momentos para obter a máxima robustez.

Pohl et al. [12] descobriram que as características da transmissão infinitamente variável (IVT) são tipicamente obtidas utilizando um conjunto de engrenagens planetárias numa configuração de transmissão de potência dividida. A CVT de tração esférica desenvolvida pela Fallbrook Technologies é cinemáticamente análoga a um conjunto de engrenagens planetárias variáveis. As combinações de múltiplas entradas, saídas e diferentes arquitecturas internas paralelas combinam-se para criar centenas de configurações CVT, IVT e/ou split-power. A configuração planetária variável é inerentemente densa em termos de potência e cria uma IVT compacta e de baixo custo, potencialmente sem a necessidade de caminhos duplos. O controlo deste novo variador é inerentemente estável porque o controlo do rácio é independente da carga.

Keun et al. [13] apresentaram uma nova transmissão esférica interna continuamente variável (ISCVT). As pistas interiores dos rotores esféricos motriz e movido estão em contacto com as superfícies exteriores dos rotores contra-esféricos associados, respetivamente, e são considerados dois dispositivos de pressão (PD) do tipo parafuso de esferas que geram as forças normais de contacto proporcionais aos binários transmitidos. Também é desenvolvido e instalado na região central da unidade um conjunto de mudança de rácio (RCA) que utiliza um mecanismo de came. Para verificar a praticabilidade na utilização em automóveis, um automóvel com valores nominais de 110kw/6000rpm com uma relação de velocidade global (OSR) de 0,09 a 0,37 é concebido utilizando o método de pesquisa direta nas variáveis de projeto seleccionadas, optimizando a eficiência energética global e satisfazendo as restrições de projeto relativas aos limites do diâmetro global, às tensões de contacto e ao tempo de vida à fadiga com base na teoria de Lundberg-Palmgren. No carro concetualmente concebido, são simulados e discutidos vários desempenhos da transmissão. As simulações e a comparação com o CVT toroidal típico (TCVT) revelam muitas características úteis do modelo proposto.

Partheeban [14] explicou que a transmissão continuamente variável (CVT) é cada vez mais utilizada em aplicações automóveis. Tem uma vantagem sobre as transmissões automáticas convencionais, no que diz respeito à grande cobertura da relação de transmissão e à ausência de problemas de conforto relacionados com eventos de mudança de velocidade. Isto permite que o motor funcione em pontos de funcionamento mais económicos. Por este motivo, os automóveis equipados com CVT são mais económicos do que os automóveis equipados com transmissões automáticas de engrenagens planetárias. Apesar destas vantagens, as CVT de correia trapezoidal têm ainda um potencial bastante grande em termos de eficiência de transmissão, sendo também necessário aumentar a capacidade de binário. Tal como referido anteriormente, as principais desvantagens das actuais CVT são a eficiência da transmissão e a capacidade de binário sem qualquer deslizamento da correia. A CVT continua a emergir como uma tecnologia-chave para melhorar a eficiência do combustível dos automóveis com motores de combustão interna (IC). As CVT utilizam relações de transmissão infinitamente ajustáveis em vez de engrenagens discretas para obter um desempenho ótimo do motor. Uma vez que o motor funciona sempre com o número mais eficiente de rotações por minuto para uma determinada velocidade do veículo, os veículos equipados com CVT obtêm melhor consumo de combustível e aceleração do que os automóveis com transmissões tradicionais. As CVT não são novidade no mundo automóvel, mas as suas capacidades de binário e fiabilidade foram limitadas no passado. Novos desenvolvimentos na redução de engrenagens e no fabrico conduziram a CVTs cada vez mais robustas, o que, por sua vez, permite a sua utilização em aplicações automóveis mais diversas. As CVT estão também a ser desenvolvidas em conjunto com veículos eléctricos híbridos. À medida que o desenvolvimento das CVT continua, os custos serão ainda mais reduzidos e o desempenho continuará a aumentar, o que, por sua vez, torna desejável um maior desenvolvimento e aplicação da tecnologia CVT.

Sugeng et al. [15] referiram que, nas últimas duas décadas, um esforço significativo de investigação tem sido direcionado para o desenvolvimento de transmissões para veículos que reduzam o consumo de energia de um automóvel. Um bom desempenho de condução é um dos atributos-chave mais importantes de um veículo de passageiros. Um dos métodos para o conseguir é a utilização de uma transmissão continuamente variável. Uma transmissão continuamente variável (CVT) oferece um conjunto contínuo de relações de transmissão entre os limites desejados, o que, consequentemente, aumenta a economia de combustível e o desempenho dinâmico de um veículo, adaptando melhor as condições de funcionamento do motor aos cenários de condução variáveis. O presente documento analisa o estado da arte da investigação sobre o controlo de transmissões continuamente variáveis limitadas por fricção. À medida que o desenvolvimento das CVT prossegue, os custos continuarão a ser reduzidos e o desempenho continuará a melhorar, o que, por sua vez, torna desejável um maior desenvolvimento e aplicação da tecnologia CVT. São também discutidos os desafios e as questões críticas para a investigação futura sobre o controlo destas CVT.

Carbone et al. [16] efectuaram uma investigação experimental da dinâmica da correia trapezoidal da CVT com o objetivo de comparar os dados experimentais com as previsões teóricas do modelo Carbone, Mangialardi, Mantriota (CMM). Verifica-se uma concordância muito boa entre a teoria e as experiências. Em particular, mostra-se que, durante a deslocação em modo de fluência (lento), a taxa de variação da relação de velocidade depende linearmente do logaritmo da relação entre as forças de aperto axiais que actuam nas duas polias móveis. A velocidade de deslocação também se mostra proporcional à velocidade angular da polia primária. Os resultados deste estudo são da maior importância para a conceção de sistemas avançados de controlo de CVT e para a melhoria da eficiência da CVT, da dirigibilidade dos automóveis e da economia de combustível.

Aher et al. [17] referiram que as CVT têm como objetivo reduzir o consumo de combustível e as emissões dos veículos, o que exige uma elevada eficiência e uma relação de transmissão suficiente. Uma condução divertida é importante para a aceitação dos clientes na Europa. A introdução de novos conceitos de transmissão, como as transmissões automáticas de 6 velocidades, as transmissões manuais com mudança automática e as transmissões de dupla embraiagem, coloca novos desafios a um conceito de transmissão CVT de última geração. A relação de transmissão efectiva pode ser alterada em números infinitos através da transmissão continuamente variável (CVT) entre valores máximos e mínimos. Isto é ultrapassado por outras transmissões que permitem poucas selecções de relação de transmissão. A velocidade angular do veio de acionamento é mantida pela flexibilidade da cvt. Assim, a economia de combustível está a permitir que o motor funcione rapidamente com a resolução mais eficiente por minuto. Um design acionado por correia oferece aproximadamente 88% de eficiência, permitindo que o motor funcione nas suas rotações por minuto (RPM) mais eficientes para uma gama de velocidades do veículo. Assim, esta técnica é útil para estabelecer um equilíbrio entre a eficiência do combustível e o custo de fabrico.

Pour et al. [18] referiram que, atualmente, os fabricantes de automóveis têm investido em novas tecnologias para melhorar a eficiência dos seus produtos. Os grandes fabricantes de automóveis deram um passo importante para atingir este objetivo, concebendo sistemas de transmissão continuamente variável (CVT) para adaptar continuamente a potência do motor à carga externa, de acordo com a curva de eficiência óptima do motor, e reduzir o consumo de combustível; além disso, tornam o arranque suave e eliminam o choque causado pela mudança da relação de transmissão, tornando a condução mais agradável. Considerando as especificações de um dos produtos de um fabricante de automóveis iraniano (o Saipa Pride 131), foi concebida uma CVT com uma correia de transmissão metálica e polias variáveis para substituir o seu atual sistema de transmissão manual. As peças e componentes necessários para a CVT foram determinados e, tendo em conta as restrições necessárias, o seu mecanismo e componentes foram projectados.

Garud et al. [19] explicaram que uma CVT tem uma gama contínua de relações de transmissão que podem, até limites físicos dependentes do dispositivo, ser seleccionadas independentemente do binário transmitido, pelo que é um objeto de considerável interesse de investigação na comunidade de conceção mecânica, impulsionada principalmente pelas exigências da indústria automóvel de veículos mais eficientes do ponto de vista energético e mais respeitadores do ambiente, uma vez que o pedido de melhor eficiência energética e de redução de $CO2$ e NOx, imposto por considerações ambientais, leva muitos investigadores a encontrar novas soluções técnicas para melhorar o desempenho das emissões dos actuais veículos com motor de combustão interna. Também no caso de aplicações de máquinas-ferramentas, a vida útil óptima da ferramenta só pode ser obtida a uma determinada relação de velocidade e o mesmo não pode ser conseguido devido a relações de transmissão fixas e à transmissão por polias escalonadas. Além disso, ao contrário das transmissões escalonadas convencionais, a CVT não sofre de "choque de mudança" e também podemos alcançar uma gama de velocidades óptima na qual a vida útil da ferramenta será máxima. Neste trabalho, a investigação do deslizamento e da relação de velocidade do variador de cone axialmente deslocável foi estudada com a ajuda do equipamento de teste desenvolvido e os resultados estão relacionados com o motor IC e a aplicação da máquina-ferramenta.

Milner et al. [20] investigaram que a Milner CVT é uma transmissão de tração por rolamento patenteada que oferece vantagens de elevada densidade de potência e simplicidade de construção e funcionamento. É descrito um protótipo de variador com 90 mm de diâmetro, dimensionado para uma potência nominal máxima de entrada de 12 kW. São apresentados dados experimentais que demonstram uma elevada eficiência e forças de deslocação reduzidas. A resistência ao binário de sobrecarga é excecional e os ensaios preliminares de durabilidade indicam um conceito altamente viável para a produção em série. Com base nos dados medidos, prevêem-se as características de variadores de maiores dimensões e discutem-se as perspectivas de aplicações no sector automóvel.

Capítulo 3

SISTEMA DE TRACÇÃO DE ESFERA ÚNICA

3.1 Introdução

Existem muitas máquinas e unidades mecânicas que, em circunstâncias variáveis, tornam desejável a possibilidade de se deslocarem a uma velocidade pouco percetível, a uma velocidade intermédia ou a uma velocidade elevada. Assim, uma variação de velocidade infinitamente variável (step less) na qual é possível obter qualquer velocidade desejável. Alguns accionamentos mecânicos, hidráulicos, funcionam como accionamentos step less. Contudo, a caraterística binário vs. velocidade destes accionamentos não corresponde ao binário a baixas velocidades. Por conseguinte, é necessário um sistema de acionamento de velocidade variável infinita.

3.2 Accionamentos mecânicos contínuos

S Os accionamentos principais e de avanço de variação infinita ou reduzida têm encontrado aplicações consideráveis nas máquinas-ferramentas modernas. As suas principais vantagens são as seguintes. A possibilidade de definir as condições óptimas de corte (velocidade e avanço) com maior precisão do que com um acionamento escalonado e a possibilidade de alterar as velocidades dos accionamentos principais ou dos avanços sem parar a máquina. Os accionamentos por passos são mecânicos, eléctricos, hidráulicos ou combinados. Têm as suas próprias vantagens e desvantagens. A seleção dependerá da finalidade da máquina, da relação de potência necessária e do custo.

3.3 Accionamentos mecânicos contínuos do tipo fricção

Estes accionamentos baseiam-se no princípio de que o elo acionado entra em contacto com o elo motor, quer diretamente, quer através de um elemento intermédio (rolo, disco, anel). Os elementos de tração e de acionamento são mantidos firmemente juntos e a força de fricção desenvolvida fará com que um elemento rode quando o outro é rodado. Se o diâmetro for constante em ambos os elementos (motor e movido) ou se pelo menos um deles variar, a relação de transmissão da transmissão variará em conformidade.

Existem muitas máquinas e unidades mecânicas que, em circunstâncias variáveis, tornam desejável a possibilidade de se deslocarem a uma velocidade pouco percetível, a uma velocidade intermédia ou a uma velocidade elevada. Assim, uma variação de velocidade infinitamente variável (step less) na qual é possível obter qualquer velocidade desejável. Alguns accionamentos mecânicos, hidráulicos, funcionam como accionamentos de passo inferior. No entanto, as características de binário versus velocidade destes accionamentos não correspondem ao binário a baixas velocidades. Quando a carga é aplicada, a esfera de transmissão é puxada para dentro de um triângulo formado pelos dois discos cónicos ocos por uma quantidade igual à deformação elástica das partes sob carga. Assim, a pressão de contacto é diretamente proporcional ao binário de saída. Os dispositivos de pressão dependentes do binário são desnecessários. É permitida a rotação no sentido dos ponteiros do relógio ou no sentido contrário. A velocidade de saída do acionamento é infinitamente variável e é obtida através do ajuste da posição da esfera de aço que roda o botão do fuso de regulação da velocidade. A regulação da velocidade é permitida tanto em repouso como em movimento. Na posição de regulação superior, é criada uma relação de redução de 3:1 entre o veio de entrada e o veio de saída. Na posição de regulação inferior, a relação é de 1:3.

A gama de velocidades total coberta vai até 9:1. Para uma gama de velocidades de 6:1, é possível uma maior potência de entrada, uma vez que a potência de saída é determinada pela velocidade de saída mais baixa. O movimento da esfera de transmissão é controlado positivamente quando se ajusta para velocidades altas ou baixas. Ao ajustar as velocidades mais baixas, a esfera de transmissão assume uma posição contra o fuso de ajuste da velocidade devido à sua tendência para se deslocar para o meio dos cones mais altos.

A potência deve ser transmitida através da unidade apenas na direção indicada pela seta na caixa exterior. No caso de velocidades de entrada muito baixas, deve ser aplicada uma quantidade mínima de carga no veio de saída para atingir a velocidade de saída desejada. O acionamento pode ser utilizado em qualquer posição de montagem.

Fig 3.1: Modelo CATIA do conjunto de acionamento de tração de esfera simples

Capítulo 4

CONCEPÇÃO E ANÁLISE

4.1 Introdução

A conceção consiste na aplicação de princípios científicos, informação técnica e imaginação para o desenvolvimento de uma máquina ou mecanismo novo ou improvisado para desempenhar uma função específica com a máxima economia e eficiência. Por conseguinte, deve ser adoptada uma abordagem de conceção cuidadosa. O trabalho total de conceção foi dividido em duas partes.

4.2 Conceção do sistema

A conceção de um sistema diz respeito principalmente a vários condicionalismos físicos, à decisão do princípio básico de funcionamento, aos requisitos de espaço, à disposição dos vários componentes, etc. Os seguintes parâmetros são tidos em conta na conceção do sistema. Seleção do sistema com base nos condicionalismos físicos. A conceção mecânica tem uma relação direta com a conceção do sistema, pelo que o sistema é concebido de modo a que as distinções e dimensões obtidas na conceção mecânica possam ser bem ajustadas. A disposição dos vários componentes é simplificada para utilizar todo o espaço possível. A facilidade de manutenção e de assistência técnica é conseguida através de uma disposição simplificada que permite uma montagem rápida dos componentes. O âmbito das melhorias futuras está na conceção do sistema.

4.3 Conceção mecânica

Na conceção mecânica, os componentes são listados e armazenados com base na sua aquisição em duas categorias: peças de conceção e peças a adquirir. Para as peças projectadas, é feita uma conceção pormenorizada e as dimensões obtidas são comparadas com as dimensões seguintes que já estão disponíveis no mercado. Isto simplifica a montagem, bem como o trabalho de pós-produção e manutenção. São especificadas as várias tolerâncias de trabalho. Os diagramas de processo são preparados e passados para a fase de fabrico. As peças a adquirir são seleccionadas diretamente a partir de vários catálogos e são especificadas de modo a que haja um caso de aquisição. Na conceção mecânica, na primeira fase, é feita a seleção do material adequado para a peça a conceber para uma aplicação específica.

Tipo de motor - Motor CA monofásico
Potência - 1 HP (746 Watt)
Velocidade de funcionamento (N) - 2200 rpm
Binário do motor (Tm) -

$$P = \frac{2\pi N T m}{60}$$

$$746 = \frac{2 \times \pi \times 2200 \times Tm}{60}$$

$$Tm = 3{,}23 \text{ Nm}$$

Assumir a velocidade do veio acionado, $n = 500$ rpm

Rácio de redução, $\quad i = \dfrac{N}{n}$

$$i = \frac{2200}{500}$$

$$i = 4.4$$

Binário do veio de entrada, $Ti = i \times Tm$

$$Ti = 4{,}4 \times 3{,}23$$

$$Ti = 14{,}21 \text{ Nm}$$

Potência a transmitir, $P = 746$ Watt

Velocidade do motor, $N = 2200$ rpm

Fator de correção da carga de serviço, $Fa = 1$

Potência de projeto, $Pd = Fa \times P = 1 \times 746$

$Pd = 746$ Watt

De $Pd = 746$ Watt e $N = 2200$ rpm

É selecionada **uma** correia **do tipo** V.

Gama recomendada para a velocidade da correia = 5-10 m/s

Assumindo uma velocidade inferior da correia de 5m/s, podemos agora encontrar o diâmetro da polia da seguinte forma

$$V = \frac{\pi d n}{60 \times 1000}$$

$$5 = \frac{\pi \times d \times 2200}{60 \times 1000}$$

$$d = 43{,}03 \text{ mm}$$

Digamos, $d = 50$ mm

Diâmetro padrão da polia do motor, $d = 50$ mm.

Razão de redução, $i = 4{,}4 = D/d$

$D = 4{,}4\, d = 4{,}4 \times 50 = 180$ mm

Onde, D = Diâmetro da polia accionada

Velocidade correcta da correia, $\quad V = \dfrac{\pi d n}{60 \times 1000}$

$$V = \frac{\pi \times 50 \times 2200}{60 \times 1000}$$

$$V = 5{,}75 \text{ m/s}$$

Distância aproximada do centro, C = D + d = 230 mm

Comprimento aproximado do passo,
$$L = 2C + \frac{\pi}{2}(D \times d) + \frac{(D-d)^2}{4C}$$

$$L = (2 \times 230) + \frac{\pi}{2}(230) + \frac{(130^{2)}}{(4 \times 230)}$$

$$L = 897{,}86 \text{ mm} = 900 \text{ mm}$$

Comprimento interior aproximado = Comprimento do passo - fator de correção para o comprimento interior (Fi)

$$= 900\text{-} 36 = 864 \text{ mm}$$

Comprimento padrão mais próximo = 890 mm

Comprimento real do passo, L = Comprimento padrão mais próximo + fator de correção para o comprimento interior

$$L = 890 + 36 = 926 \text{ mm}$$

Distância exacta do centro, $C = A + \sqrt{A^2 - B}$

Onde, $A = \frac{1}{4}\left(L - \frac{\pi}{2}(D - d)\right) = 180.44 \text{ mm}$

E, $B = \frac{(D-d)^2}{8} = 2112.5 \text{ mm}$

$$C = 134.82 + \sqrt{134.82^2 - 5000} = 355 \text{ mm}$$

Arco de contacto da polia do motor, $\alpha = 180 - 2\sin^{-1}\frac{D-d}{2C} = 147.25$ grau

Fator de correção da correia para o arco de contacto, Fd = 0,92

Fator de correção da correia para o comprimento do passo, Fc = 0,86

Os parâmetros seleccionados da correia trapezoidal são

Correia selecionada = tipo A

N.º de correia, Z = 1

Comprimento do passo, L = 926 mm

Diâmetro da polia mais pequena, d = 50 mm

Diâmetro da polia maior, D = 180 mm

Distância entre centros, C = 355 mm

Capítulo 5

DESENVOLVIMENTO DA CONFIGURAÇÃO EXPERIMENTAL

5.1 Introdução

O desenvolvimento da configuração experimental é efectuado nas 3 fases seguintes.

Fase 1 - Cálculos de conceção para a seleção da correia em V, comprimento do passo, distância entre centros, diâmetro da polia mais pequena e da polia maior.

Fase 2 - Compra do motor elétrico, da correia trapezoidal, dos parafusos e da esfera.

Fase 3 - Fabrico do disco cónico de entrada, do disco cónico de saída, da caixa da chumaceira esquerda, da caixa da chumaceira direita, da placa da caixa esquerda, da placa da caixa direita, do suporte de esferas, do suporte, do mostrador e do tambor do mostrador no torno e nas máquinas de perfuração.

Este capítulo inclui as fichas de processo de 10 partes.

5.2 Nome da peça: - Disco cónico de entrada   Tamanho da matéria-prima: Φ 100 x 120

Quadro 5.1: Folha de processo do disco cónico de entrada

Funcionamento	Gabaritos e acessórios	Ferramentas M/C	Ferramentas de corte	Instrumento de medição	Tempo de definição	Tempo M/C	Tempo total
Calço de fixação	Mandril de 3 maxilas	Torno			15		15
Faceamento até ao comprimento 15 mm	Mandril de 3 maxilas	Torno	Ferramenta de facear	Vernier	5	12	17
Fixar o material entre centros	Suporte central	Torno			25		25
Diâmetro externo de viragem Φ95mm em todo o comprimento	Mandril de 3 maxilas	Torno	Ferramenta de torneamento	Vernier		13	13
Passo giratório Φ 47,5 a 98mm de comprimento	Suporte central	Torno	Ferramenta de torneamento	Vernier		7	7
Passo giratório Φ 40,3 a 91mm de comprimento	Suporte central	Torno	Ferramenta de torneamento	Vernier		19	19
Passo giratório Φ 25 a 91 mm de	Suporte central	Torno	Ferramenta de	Vernier	25	7	32

comprimento			torneamento				
Passo giratório Φ 24 a 91mm de comprimento	Suporte central	Torno	Ferramenta de torneamento	Vernier	25	9	34
Torneamento em degrau Φ 20 a 70 mm de comprimento	Suporte central	Torno	Ferramenta de torneamento	Vernier	25	8	33
Torneamento de passo Φ 16 a 50mm de comprimento	Suporte central	Torno	Ferramenta de torneamento	Vernier	25	8	33

5.3 Nome da peça: - Disco cónico de saída   Tamanho do material em bruto: - Φ 100 x 120

Quadro 5.2: Ficha de processo do disco cónico de saída

Funcionamento	Gabaritos e acessórios	Ferramentas M/C	Ferramentas de corte	Instrumento de medição	Tempo de definição	M/C Tempo	Tempo total
Estoque de grampos	Mandril de 3 maxilas	Torno			15		15
Faceamento até ao comprimento total de 15 mm e perfuração central	Mandril de 3 maxilas	torno	Ferramenta de facear	Vernier	5	12	17
Fixar o material entre centros	Suporte central	Torno			25		25
Diâmetro externo de viragem Φ 92 mm em todo o comprimento	Mandril de 3 maxilas	Torno	Ferramenta de torneamento	Vernier	5	13	18
Passo giratório Φ 47,5 a 98mm de comprimento	Suporte central	Torno	Ferramenta de torneamento	Vernier	3	7	10
Passo giratório Φ 40,3 a 91mm de comprimento	Suporte central	Torno	Ferramenta de torneamento	Vernier	6	19	25
Passo giratório Φ 25 a 91mm de comprimento	Suporte central	Torno	Ferramenta de torneamento	Vernier	25	7	31
Passo giratório Φ 24 a 91mm de	Suporte central	Torno	Ferramenta de	Vernier	25	9	34

comprimento			torneamento				
Torneamento de passos Φ 20 a 70mm de comprimento	Suporte central	Torno	Ferramenta de torneamento	Vernier	25	8	33
Torneamento de passo Φ 16 a 50mm de comprimento	Apoio ao centro	Torno	Ferramenta de torneamento	Vernier	25	8	33

5.5 Nome da peça: - Caixa de rolamentos esquerda   Tamanho do material bruto: - Φ 120 x 50

Tabela 5.3: Folha de processo da caixa de rolamentos esquerda

Funcionamento	Gabaritos e acessórios	Ferramentas M/C	Ferramentas de corte	Instrumento de medição	Tempo de definição	M/C Tempo	Tempo total
Estoque de grampos	Mandril de 3 maxilas	Torno			15	25	40
Faceamento b/s até ao comprimento total de 15 mm e perfuração central	Mandril de 3 maxilas	Torno	Ferramenta de facear	Vernier	15	25	40
Perfuração Φ 15mm através da espessura (1 No's)	Mandril de 3 maxilas	Torno	Torcer	Vernier	10	15	35
Perfuração Φ 41mm através da espessura (1 No's)	Mandril de 3 maxilas	Torno	Ferramenta de perfuração	Medidor de furos	15	25	40
Contra-furo Φ 47mm através da espessura35(1 No's)	Mandril de 3 maxilas	Torno	Ferramenta de perfuração	Medidor de profundidade	5	15	20
Contra-furo Φ 48mm através da espessura21(1 No's)	Mandril de 3 maxilas	Torno	Ferramenta de perfuração	Medidor de profundidade	5	15	20
Contra-furo Φ 52mm através da espessura15(1 No's)	Mandril de 3 maxilas	Torno	Ferramenta de perfuração	Medidor de profundidade	5	15	20
Torneamento de 70mm até à espessura de 21mm	Mandril de 3 maxilas	Torno	Ferramenta de perfuração	Vernier	5	20	25
Furos Φ 8.5mm, 3 Nºs em 96pcd	Mandril de 3 maxilas	Drilling M/c	Ferramenta de contra-furação	Vernier	15	24	39

5.5 Nome da peça: - Caixa de rolamentos direita   Tamanho do material bruto: - Φ 120 x 50

Tabela 5.4: Folha de processo da caixa de rolamentos direita

Funcionamento	Gabaritos e acessórios	Ferramentas M/C	Ferramentas de corte	Instrumento de medição	Tempo de definição	M/C Tempo	Tempo total
Calço de fixação	Mandril de 3 maxilas	Torno			15	25	40
Base de revestimento com comprimento total de 15 mm e perfuração central	Mandril de 3 maxilas	Torno	Ferramenta de facear	Vernier	15	25	40
Perfuração Φ 15mm através da espessura (1 No's)	Mandril de 3 maxilas	Torno	Torcer	Vernier	10	15	25
Perfuração Φ 41mm através da espessura (1 No's)	Mandril de 3 maxilas	Torno	Ferramenta de perfuração	Medidor de furos	15	25	40
Contra-furo Φ 47mm através da espessura35(1 No's)	Mandril de 3 maxilas	Torno	Ferramenta de perfuração	Medidor de profundidade	5	15	20
Contra-furo Φ 48mm através da espessura21(1 No's)	Mandril de 3 maxilas	Torno	Ferramenta de perfuração	Medidor de profundidade	5	15	20
Contra-furo Φ 52mm através da espessura15(1 No's)	Mandril de 3 maxilas	Torno	Ferramenta de perfuração	Medidor de profundidade	5	15	20
Torneamento de 70mm até à espessura de 21mm	Mandril de 3 maxilas	Torno	Ferramenta de torneamento	Vernier	5	20	25
Furos Φ 8.5mm, 3 Nºs em 96pcd	M/c Vice	Perfuração M/c	torção	Vernier	15	24	39

5.6 Nome da peça: - Placa de revestimento do lado esquerdo   Tamanho da matéria-prima: - Φ 100 x 120

Tabela 5.5: Folha de processo da placa de revestimento do lado esquerdo

Funcionamento	Gabaritos	M/C	Ferramentas	Instrumento	Definição	M/C	Tempo

	e acessórios	Ferramentas	de corte	de medição	Tempo	Tempo	total
Estoque de grampos	M/c Vice	Torno				15	15
Face a todos os lados, comprimento total de 101,6*170*16 mm	M/c Vice	Torno	Ferramenta de facear	Vernier	25	60	85
Fixar o stock Torno	Mandril de 4 maxilas	Torno				25	25
Perfuração de Φ 25mm	Mandril de 4 maxilas	Máquina de perfuração	Torcer Perfurar	Medidor de profundidade	15	10	25
Perfuração Φ 70mm	Mandril de 4 maxilas	Torno	Aborrecido Ferramenta	Medidor de profundidade	15	10	25
Torneamento cónico de acordo com o perfil	Mandril de 4 maxilas	Torno	Aborrecido Ferramenta	Vernier	15	10	25
Perfuração Φ 6.8, 3Nos	M/c Vice	Perfuração M/c	Torcer Perfurar	Vernier	15	10	25
Rosca M8	M/c Vice	Perfuração M/c	Torneira	Vernier	15	20	35

5.7 Nome da peça: - Placa de revestimento do lado direito   Tamanho da matéria-prima: - Φ 110 x 20 x 180

Tabela 5.6: Folha de processo da placa de revestimento do lado direito

Funcionamento	Gabaritos e acessórios	M/C Ferramentas	Ferramentas de corte	Medição Instrumento	Definição Tempo	M/C Tempo	Tempo total
Calço de fixação	M/c Vice	Torno				15	15
Faces de todos os lados com um comprimento total	M/c Vice	Torno	Ferramenta de facear	Vernier	25	60	85

de 101,6x170x16 mm						
Fixar o material no torno	Mandril de 4 maxilas	Torno			25	25
Perfuração de Φ 25mm	Mandril de 4 maxilas	Perfuração M/c	Torcer Perfurar	Vernier	15	10	25
Perfuração Φ 70mm	Mandril de 4 maxilas	Torno	Aborrecido Ferramenta	medidor de profundidade	15	10	25
Torneamento cónico de acordo com o perfil	Mandril de 4 maxilas	Torno	Aborrecido Ferramenta	Vernier	15	10	25
Perfuração Φ 6.8, 3Nos	M/c Vice	Perfuração M/c	Torcer Perfurar	Vernier	15	10	25
Rosca M8	M/c Vice	Perfuração M/c	Torneira	Vernier	15	20	35

5.8 Nome da peça: - Suporte de esferas   Tamanho do material em bruto: - Φ 100 x 120

Tabela 5.7: Folha de processo do suporte de esferas

Funcionamento	Gabaritos e acessórios	Ferramentas M/C	Ferramentas de corte	Instrumento de medição	Tempo de definição	M/C Tempo	Tempo total
Estoque de grampos	Mandril de 3 maxilas	Torno			10		10
Facing b/s a 40 mm de comprimento	Mandril de 3 maxilas	Torno	Ferramenta de torneamento e facetamento	Vernier		1	1
Perfuração Φ 25 através do comprimento	Mandril de 3 maxilas	Perfuração M/c	Broca de torção	Vernier	40	4	44
Perfuração Φ 41 através do comprimento	Mandril de 3 maxilas	Torno	Ferramenta de perfuração	Vernier	10	12	22
Contra-furo Φ 47 através do comprimento 35 mm	Mandril de 3 maxilas	Torno	Ferramenta de perfuração	Medidor de profundidade	10	12	22

Contra-furo Φ 48 até ao comprimento 52mm	Mandril de 3 maxilas	Torno	Ferramenta de perfuração	Medidor de profundidade	10	12	22
Contra-furo Φ 52 através do comprimento 15mm	Mandril de 3 maxilas	Torno	Ferramenta de perfuração	Medidor de profundidade	10	12	22
Torneamento em degrau Φ 52 até 15 mm de comprimento	Mandril de 3 maxilas	Torno	Ferramenta de torneamento reto	Medidor de profundidade	10	45	55
Chanfro de viragem 5*45	Mandril de 3 maxilas	Torno	Ferramenta de torneamento com manivela	Vernier	5	3	8
Perfuração Φ 6.8mm, 3 N.ºs	M/c Vice	Perfuração M/c	Broca de torção	Vernier	10	3	13
Rosca M8	M/c Vice		Chave de torneira	Vernier	10	8	18

5.9 Nome da peça: - Carrier   Tamanho do material bruto : - HEX 70 AFX70

Quadro 5.8: Ficha de processo da transportadora

Funcionamento	Gabaritos e acessórios	Ferramentas M/C	Ferramentas de corte	Instrumento de medição	Tempo de definição	M/C Tempo	Tempo total
Estoque de grampos	Mandril de 3 maxilas	Torno			25		25
Virado para um lado	Mandril de 3 maxilas	Torno			5	15	20
Diâmetro externo de viragem Φ 65mm através de 40mm de comprimento	Mandril de 3 maxilas	torno	Ferramenta de torneamento	Vernier	10	22	32
Diâmetro externo de viragem Φ 48mm até 36,5mm de comprimento	Mandril de 3 maxilas	Torno	Ferramenta de torneamento	Vernier	10	22	32

Perfuração Φ 15 furos através da espessura	Mandril de 3 maxilas	Perfuração M/c	Berbequim de torção	Vernier	10	15	25
Furar Φ 34 mm até 43 de comprimento	Mandril de 3 maxilas	Torno	Ferramenta de perfuração	Medidor de profundidade	10	20	30
Contra-furo Φ 18 mm até 10 de comprimento	Mandril de 3 maxilas	Torno	Ferramenta de perfuração	Medidor de profundidade	10	35	45
Interno Rosca de passo 36*2	Mandril de 3 maxilas	Torno	Ferramenta de roscar		30	45	75
Chanfro 5*45 graus	Mandril de 3 maxilas	Torno	Ferramenta de manivela		5	5	10

5.10 Nome da peça: - DialRaw   Tamanho do material: - Φ 80 x 50

Quadro 5.9: Ficha de processo do mostrador

Funcionamento	Gabaritos e acessórios	Ferramentas M/C	Ferramentas de corte	Instrumento de medição	Tempo de definição	M/C Tempo	Tempo total
Calço de fixação	Mandril de 3 maxilas	Torno			25		25
Virado para um lado	Mandril de 3 maxilas	Torno	Ferramenta de facear		5	15	20
Torneamento de diâmetro externo Φ 70mm através de 40mm de comprimento	Mandril de 3 maxilas	Torno	Ferramenta de torneamento	Vernier	10	22	32
Perfuração Φ 15 furos através da espessura	Mandril de 3 maxilas	Perfuração M/c	Berbequim de torção	Vernier	10	15	25
Perfuração Φ 58 mm em todo o comprimento	Mandril de 3 maxilas	Torno	Ferramenta de perfuração	Medidor de profundidade	10	20	30
Contra-furo Φ 65 mm até 3,5 de comprimento	Mandril de 3 maxilas	Torno	Ferramenta de perfuração	Medidor de profundidade	10	35	45

| Virado para o outro lado para um comprimento total de 40 mm | Mandril de 3 maxilas | Torno | Ferramenta de facear | Vernier | 10 | 15 | 25 |
| Torneamento cónico de acordo com o desenho | Mandril de 3 maxilas | Torno | Ferramenta de manivela | | 10 | 15 | 20 |

5.11 Nome da peça: - Barril do mostrador   Tamanho do material em bruto   : - Φ70 x 50

Tabela 5.10: Folha de processo do tambor de marcação

Funcionamento	Gabaritos e acessórios	M/C Ferramentas	Ferramentas de corte	Instrumento de medição	Definição Tempo	M/C Tempo	Tempo total
Estoque de grampos	Mandril de 3 maxilas	Torno			25		25
Virado para um lado	Mandril de 3 maxilas	Torno	Ferramenta de facear	Vernier	5	15	20
Diâmetro externo de torneamento Φ 66mm através de 38mm de comprimento	Mandril de 3 maxilas	Torno	Ferramenta de torneamento	Vernier	10	22	32
Perfuração Φ 15 furos através da espessura	Mandril de 3 maxilas	Torno	Berbequim de torção	Vernier	10	15	25
Perfuração Φ 44 mm em todo o comprimento	Mandril de 3 maxilas	Torno	Ferramenta de perfuração	Medidor de profundidade	10	20	30
Contra-furo Φ 50 mm até 34mm de comprimento	Mandril de 3 maxilas	Torno	Ferramenta de perfuração	Medidor de profundidade	10	35	45
Virar o outro lado para o comprimento total de 3 mm	Mandril de 3 maxilas	Torno	Ferramenta de facear	Vernier	10	15	25
Chanfro 1*45 graus	Mandril de 3 maxilas	Torno	Manivela ferramenta		5	5	10

Capítulo 6

RESULTADOS E DISCUSSÃO

6.1 Introdução

Este capítulo inclui o quadro de observação, os gráficos e as despesas de instalação.

6.2 Tabela de observação

Quadro 6.1: Leituras

N.º Sr.	Velocidade de entrada (M) rpm	Velocidade de saída (N) rpm	Carga (W) kg	Binário de saída (T) Nm	Potência de saída (P) Watt
1	440	790	0	0	0
2	440	764	0.200	0.098	7.843
3	440	738	0.400	0.196	15.146
4	440	712	0.600	0.294	21.943
5	440	698	0.800	0.392	28.682
6	440	687	1	0.490	35.287
7	440	662	1.200	0.588	40.814
8	440	636	1.400	0.686	45.735
9	440	619	1.600	0.784	50.871
10	440	607	1.800	0.882	56.121
11	440	585	2	0.981	60.097

6.3 Cálculos

Cálculo para 2nd leitura,

Binário, $T_2 = W \times r$

Onde, W = carga aplicada no veio de saída

r = raio da pequena polia fixada no veio de saída para aplicar a carga

r = 0,05m

$T_2 = W \times r = mg \times r = 0,200 \times 9,81 \times 0,05 = 0,098$ Nm

Potência de saída, $P_2 = \dfrac{2\pi N T_2}{60}$

$$P_2 = \frac{2 \times \pi \times 764 \times 0.098}{60}$$

$P_2 = 7{,}843$ Watt

Velocidade de entrada, M = 440 rpm

Velocidade de saída, N = 764 rpm

6.4 Gráficos

6.4.1 Velocidade de saída versus velocidade de entrada

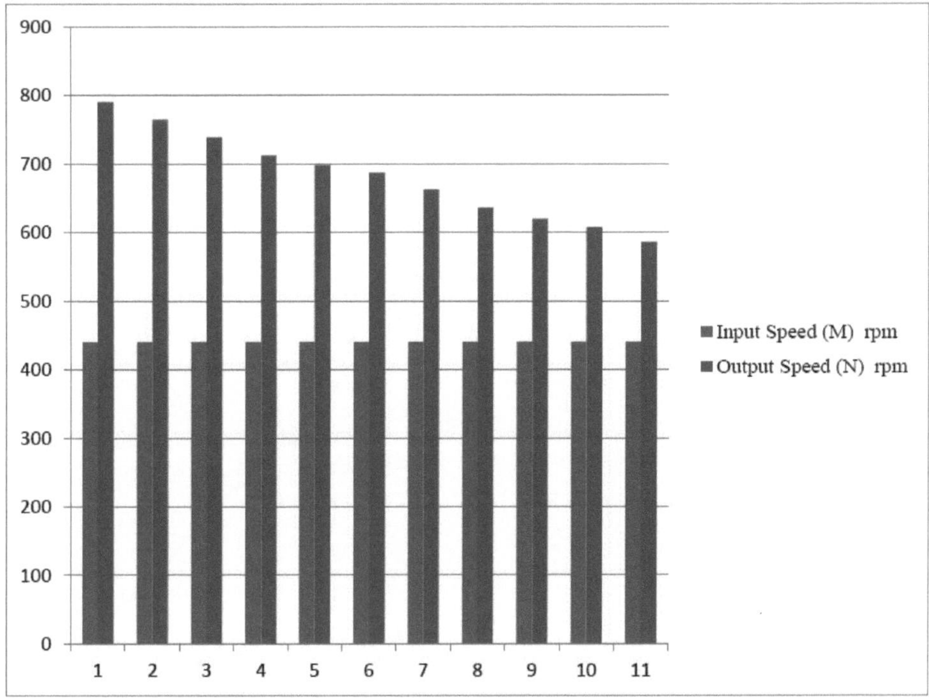

Fig 6.4.1: Curva Velocidade de saída - Velocidade de entrada

6.4.2 Velocidade de saída versus binário de saída

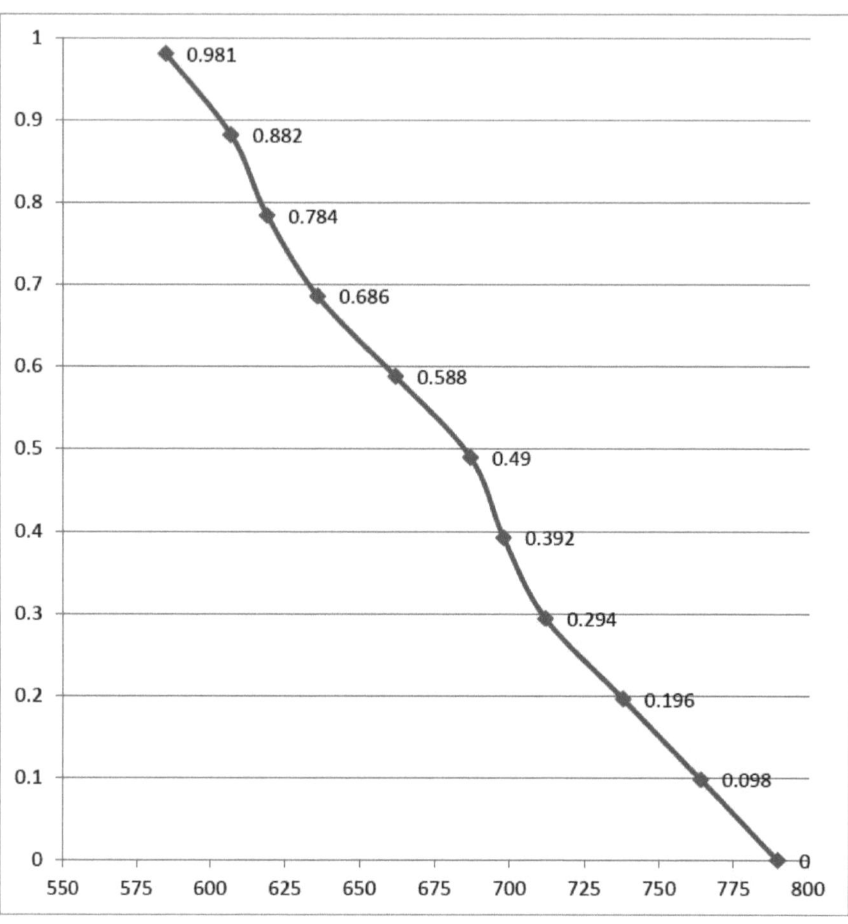

Fig 6.4.2: Curva Velocidade de saída - Binário de saída

6.4.3 Velocidade de saída versus potência de saída

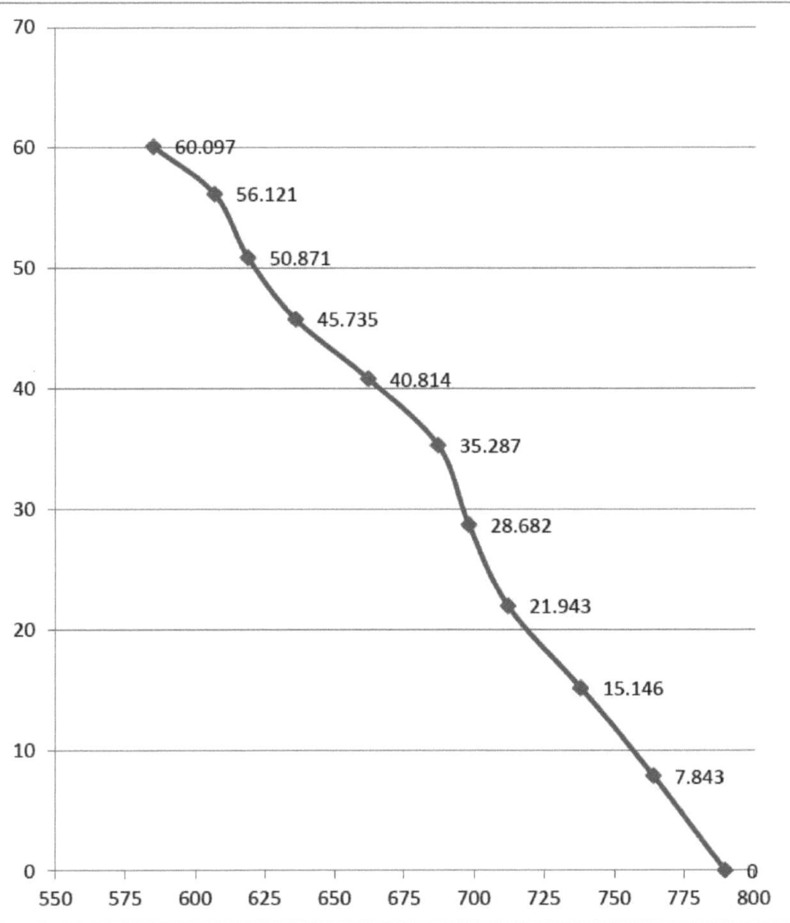

Fig 6.4.3: Curva Velocidade de saída - Potência de saída

6.5 Vantagens do acionamento por tração de esfera única

1. Transmissão de potência corretamente equilibrada.

2. Fácil de atingir a velocidade de avanço e de recuo.

3. Fácil de manter uma pressão adequada entre as superfícies de contacto, o que resulta num funcionamento sem problemas.

4. Podem ser obtidas várias velocidades; enquanto as embraiagens normais são do tipo ON-OFF, em que apenas está disponível uma velocidade.

5. Velocidade infinitamente variável disponível numa determinada gama.

6. Facilidade de utilização.

7. As mudanças de velocidade são graduais, sem qualquer choque.

8. Toda a gama de velocidades é coberta por um único botão de controlo.

9. Baixo custo e tamanho compacto.

10. Altamente eficiente a baixa velocidade.

11. Binário de saída elevado a baixa velocidade.

6.6 Despesas de instalação e cálculo de custos

N.º Sr.	Descrição	Quantidade	Custo
1	Correia V	01	220
2	Parafusos	08	40
3	Motor elétrico	01	2000
4	Bola	01	700
Total			2960

O custo das peças compradas = Rs 2960/-

Custo da matéria-prima = Rs 4000/-

Custo de maquinagem = Rs 7140/-

Custo total = Custo da matéria-prima + Custo de maquinagem + Custo das peças compradas + Diversos

= 4000 + 7140 + 2960 + 2750

Custo total da instalação = Rs 16850/-

Capítulo 7

CONCLUSÕES

7.1 Conclusões

O sistema de transmissão de energia é muito importante na aplicação industrial. Para efetuar vários trabalhos de produção a várias velocidades, é necessária uma variação de velocidade contínua e sem choques. Por conseguinte, é necessário conceber e desenvolver o sistema de transmissão de potência em tamanho compacto, mais eficiente e com custos mínimos. O acionamento por tração de esfera simples também é utilizado em condições de funcionamento, pelo que é confortável variar a velocidade durante o trabalho. Não há choques e solavancos durante a mudança de velocidade. Assim, foram tiradas as seguintes conclusões:

1. Como a velocidade de entrada é constante ao variar a posição da esfera, a velocidade do veio de saída varia.

2. À medida que a carga no veio de saída aumenta, a velocidade do veio de saída diminui. Assim, este acionamento funciona satisfatoriamente com variações de carga.

3. A curva caraterística entre a velocidade de saída e o binário de saída mostra que, à medida que a carga no veio de saída aumenta, a velocidade do veio de saída diminui, mas o binário aumenta. Assim, é altamente eficiente a baixa velocidade.

4. A curva caraterística entre a velocidade de saída e a potência de saída mostra que, à medida que a carga no veio de saída aumenta, a velocidade do veio de saída diminui, mas a potência aumenta.

5. São possíveis variações de velocidade infinitas com o acionamento de tração de esferas simples numa determinada gama de carga.

7.2 Âmbito futuro

1. Accionamentos de velocidade para fusos de máquinas-ferramentas:- O fuso da máquina-ferramenta deve ser acionado a várias velocidades, dependendo do tamanho do trabalho e do material a ser cortado, em tais casos, o redutor de velocidade variável sem engrenagem pode ser utilizado juntamente com todo o material da cabeça com engrenagem para dar uma condição de velocidade infinitamente variável.

2. Através da combinação do acionamento de fricção duplex e de um cabeçote de três estágios com todas as engrenagens, é possível obter uma ampla gama de velocidades para o fuso principal do torno.

3. Accionamentos de velocidade variável para transportadores em linhas de montagem e instalações de montagem automática.

4. Acionamento de velocidade variável em linhas de transferência automática, dispositivos robóticos de recolha e colocação.

Referências

[1]Uthale Avinash e Gawade S, Investigação do desempenho de uma unidade de tração de esfera única, Revista Internacional de Investigação e Estudos Avançados de Engenharia, 2013; 4: 31-33

[2]Marathe Kunal e Wakchaure Vishnu, previsão da relação de velocidade e análise de desempenho da unidade de tração de esfera única para CVT, Revista Internacional de Investigação e Aplicações de Engenharia, 2014; 6: 189-197

[3]Pour Ehsan e Golabi S, examinando os efeitos da transmissão continuamente variável (CVT) e um novo mecanismo de caixa de engrenagens planetárias da CVT na aceleração do carro e no consumo de combustível, International Journal of Application or Innovation in Engineering & Management, 2014; 9: 69-80

[4]Pasquier M, Continuously Variable Transmission Modifications And Control For A Diesel Hybrid Electric Powertrain, Society of Automotive Engineers, 2004; 04: 57-68

[5]Zhang Wu e Guo Wei, Investigação experimental sobre a eficiência de transmissão da transmissão continuamente variável com correia metálica, Modelação informática e novas tecnologias, 2014;18: 232-237

[6]Bdran Sameh e Saifullah Samo, Uma visão geral dos conceitos de controlo da CVT de correia de transmissão, Revista Internacional de Engenharia e Tecnologia, 2012;04:392-395

[7]Chaudhari Dhanashree e Patil Pundalik, Uma revisão do sistema de transmissão para o desempenho da CVT, Revista Internacional de Engenharia e Técnicas, 2015;06:104-107

[8]Reddy C e Pedduri S, Fabrico e Análise de um Sistema de Transmissão Planetária Continuamente Variável, Revista Internacional de Investigação Científica e Tecnológica, 2013;10: 276-281

[9]Welkar D e Damle P, Revisão da unidade de tração de bola livre para CVT, Revista Internacional de Investigação em Tecnologia de Advento, 2015;12: 88-93

[10] Ghariblu H e Behroozirad A, Desempenho de tração e eficiência de Cvts do tipo bola, Jornal Internacional de Engenharia Automóvel, 2014; 04: 738-748

[11] Seelan Vishnu, Análise, Projeto e Aplicação de Transmissão Continuamente Variável, Revista Internacional de Investigação e Aplicações de Engenharia 2015; 05:99-105

[12] Pohl Brad e Simister Matthew, Análise da configuração de uma unidade de tração esférica CVT/IVT, 2004; 04:9-14

[13] Ku Keun e Park Gill, Introdução de um novo emparelhamento de tração com a superfície interna e externa dos rotores esféricos para utilização em automóveis, 2004;04:25-33

[14] Partheeban Anand, Conceção e fabrico de transmissão variável contínua em veículos de quatro rodas, Jornal Internacional de Tecnologia de Engenharia Avançada, 2011;04:59-61

[15] Ariyono Sugeng e Thet Daw, Uma revisão sobre o controlo de transmissões continuamente variáveis, Conferência Nacional de Investigação em Engenharia Mecânica, 2010:543-554

[16] Carbone G e Veenhuizen A, Dynamics Of Cvts: Uma comparação entre teoria e experiências, 2007:01-06

[17] Aher Sandeep e Shelke S, Variação de velocidade usando o acionamento de tração do anel cônico, Revista Internacional de Desenvolvimento e Pesquisa de Engenharia, 2014; 03: 110-113

[18] Pour E e Golabi S, Projeto de transmissão continuamente variável (Cvt) com correia de empurrar metal e polias variáveis, International Journal Of Automotive Engineering, 2014;04: 699-717

[19] Garud Vikrant e Lakade Sanjay, Investigação do deslizamento e da relação de velocidade no variador de cone axialmente deslocável Cvt Drive, Conferência Internacional sobre Elétrica, Eletrônica e Técnicas de Otimização, 2016: 978-982

[20] Milner Peter e Akehurst S, Performance Investigations Of A Novel Rolling Traction CVT, Society Of Automotive Engineers, 2001:874-884

[21] Bhandari V. B., Design of Machine Elements, 3rd edition, Tata Mc Graw Hill Education Private Limited, India, 2010.

[22] Módulo sobre accionamentos por correia, Lição sobre accionamentos por correia em V, IIT Kharagpur, Versão 2 ME.

Anexo 1

Fotos da instalação

Configuração do sistema de tração de esfera única

Ball

Input and output cone disc

Pulley on motor shaft

Pulley on input cone disc shaft

Bearing housing

Belt

Anexo 2

Desenhos AutoCAD

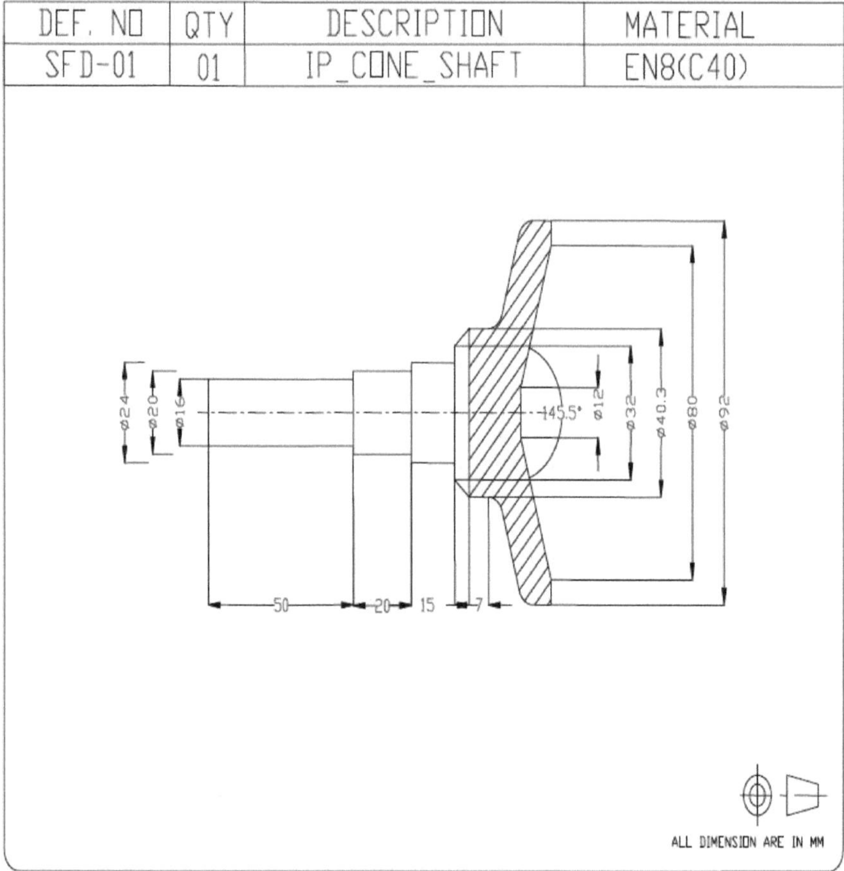

Desenho em AutoCAD do disco cónico de entrada

DEF. NO	QTY	DESCRIPTION	MATERIAL
SFD-02	01	OP_CONE_SHAFT	EN8(C40)

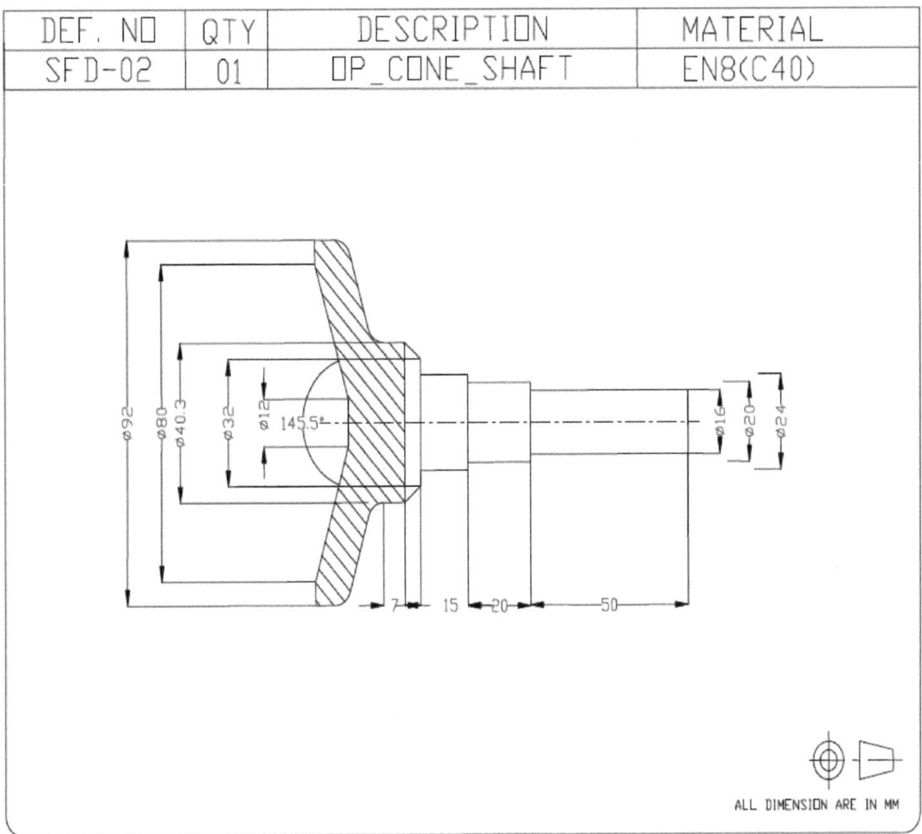

Desenho AutoCAD do disco cónico de saída

39

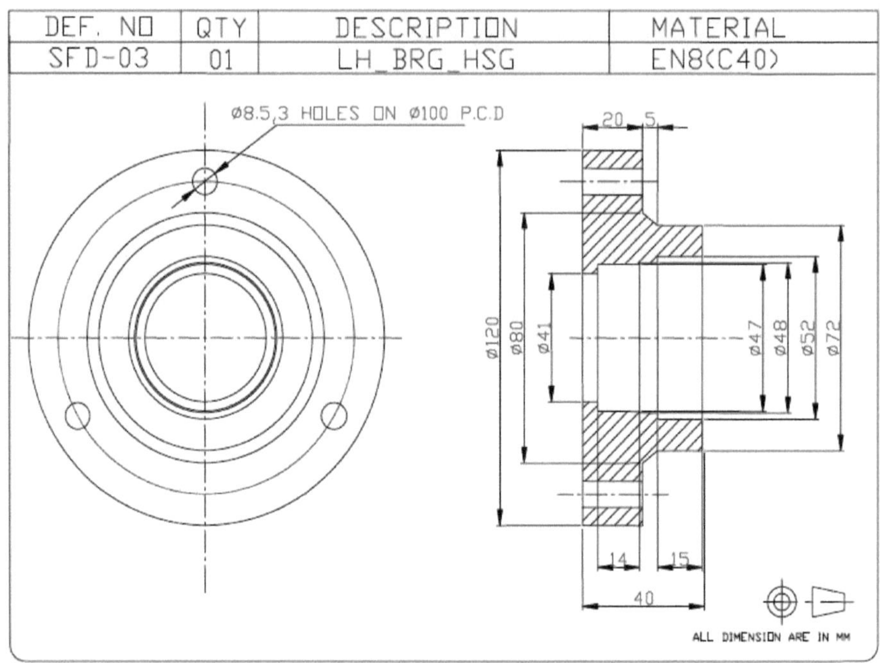

Desenho em AutoCAD da caixa da chumaceira esquerda

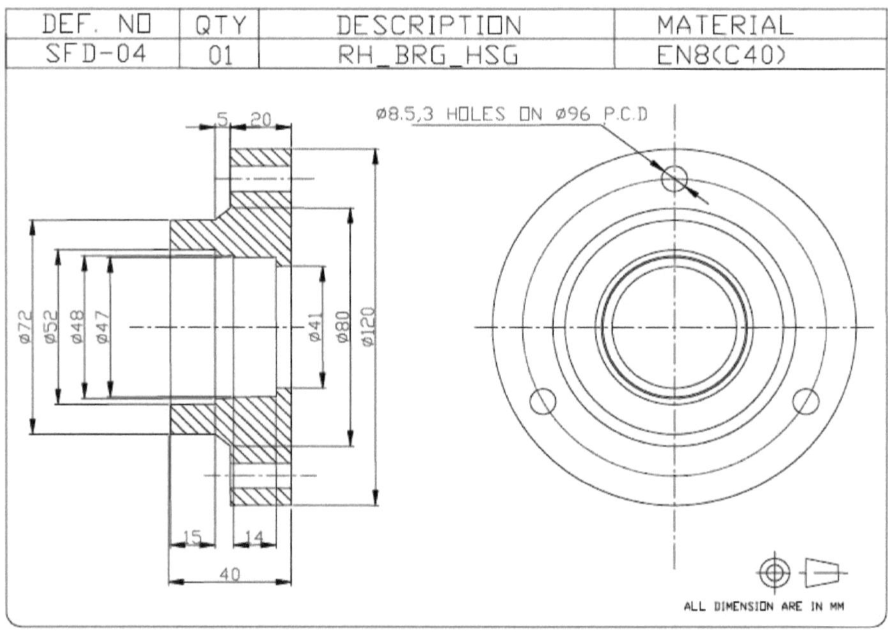

Desenho em AutoCAD da caixa da chumaceira direita

40

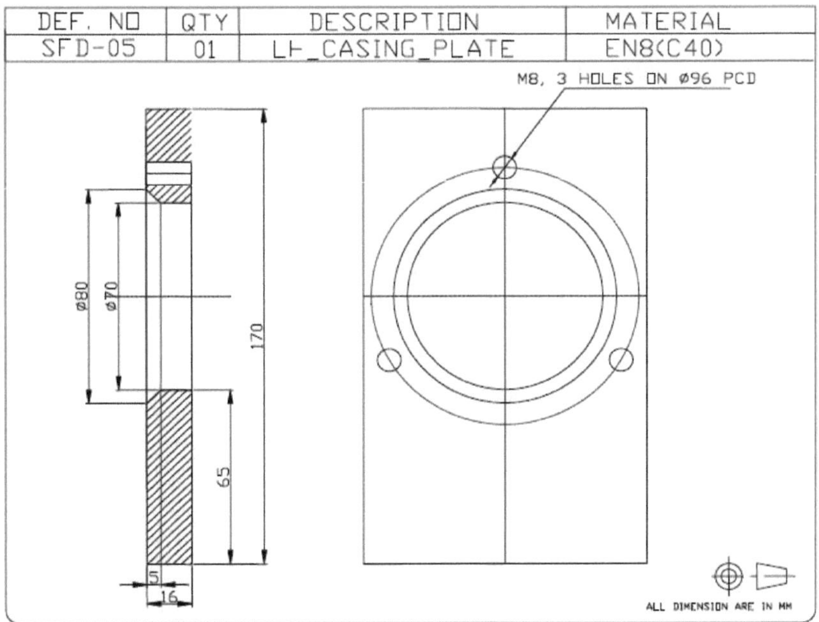

DEF. NO	QTY	DESCRIPTION	MATERIAL
SFD-05	01	LH_CASING_PLATE	EN8(C40)

Desenho em AutoCAD da placa de revestimento do lado esquerdo

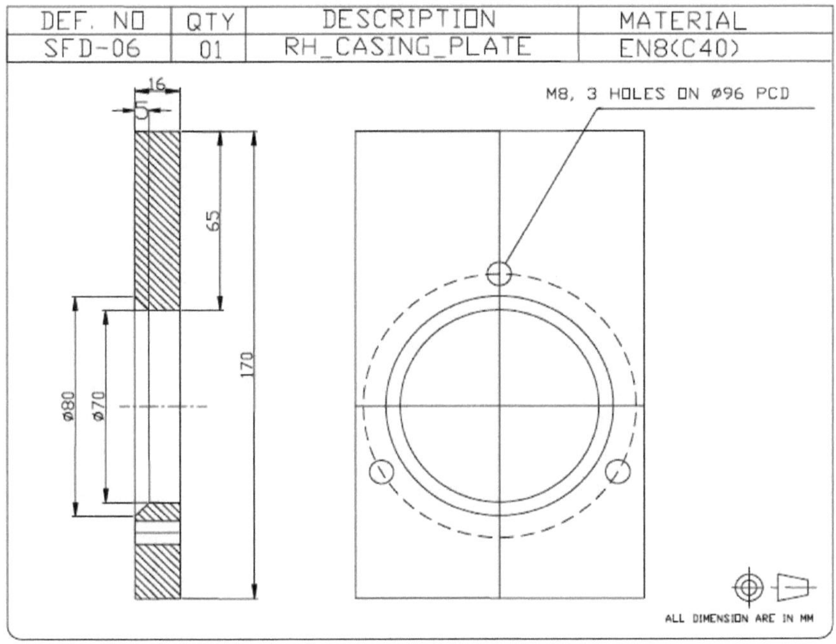

DEF. NO	QTY	DESCRIPTION	MATERIAL
SFD-06	01	RH_CASING_PLATE	EN8(C40)

Desenho em AutoCAD da placa de revestimento do lado direito

41

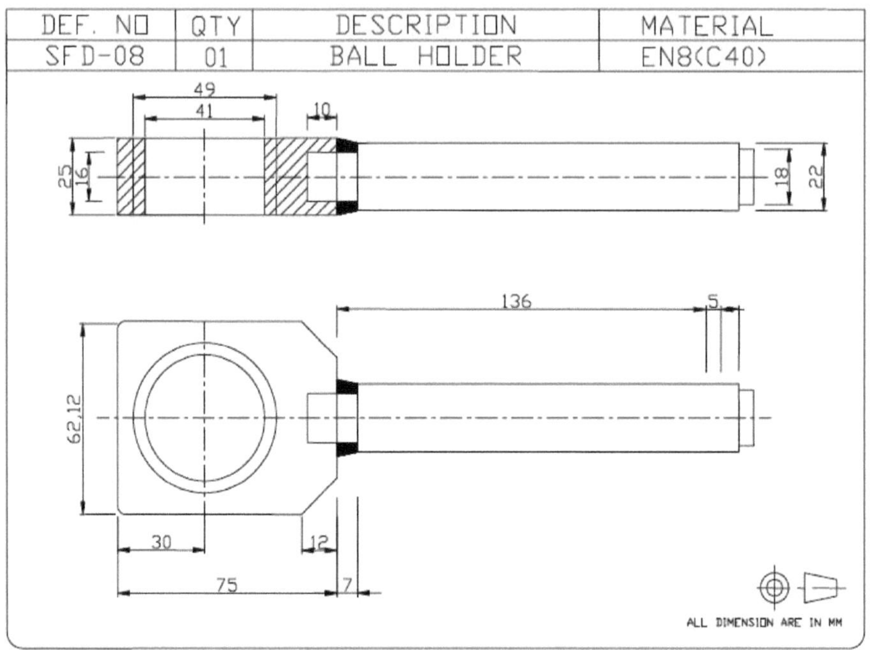

DEF. NO	QTY	DESCRIPTION	MATERIAL
SFD-08	01	BALL HOLDER	EN8(C40)

Desenho AutoCAD do suporte de esferas

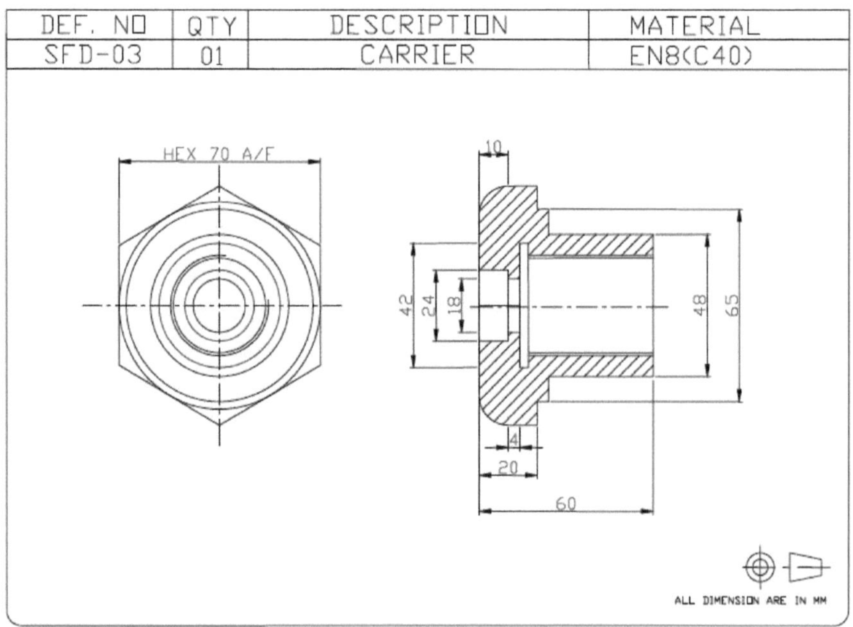

DEF. NO	QTY	DESCRIPTION	MATERIAL
SFD-03	01	CARRIER	EN8(C40)

Desenho AutoCAD do transportador

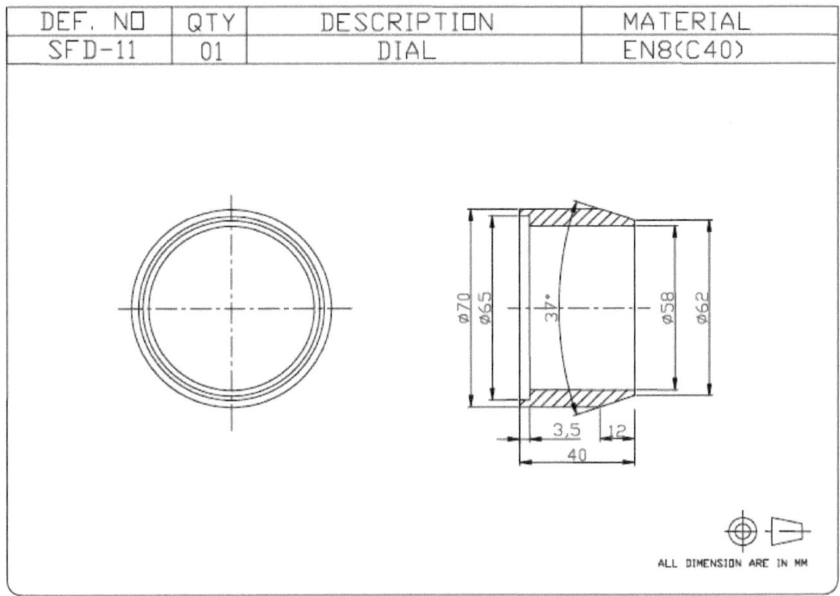

DEF. NO	QTY	DESCRIPTION	MATERIAL
SFD-11	01	DIAL	EN8(C40)

Desenho em AutoCAD do mostrador

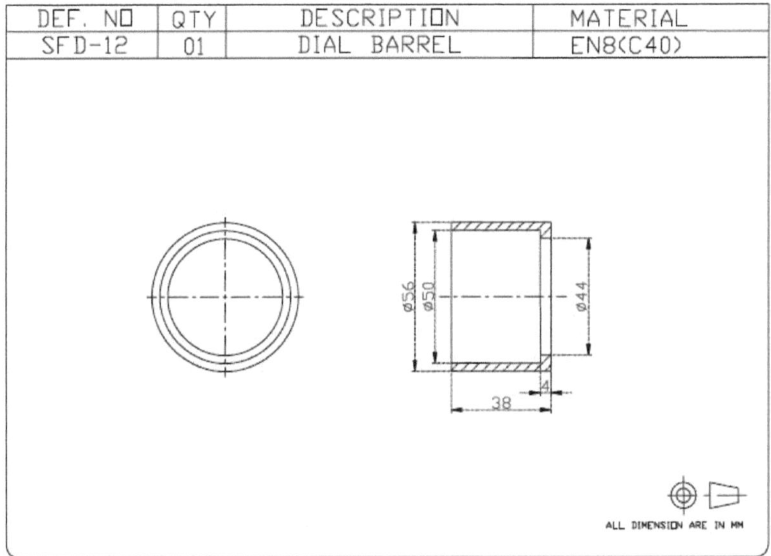

DEF. NO	QTY	DESCRIPTION	MATERIAL
SFD-12	01	DIAL BARREL	EN8(C40)

Desenho AutoCAD do tambor do mostrador

Printed by Books on Demand GmbH, Norderstedt / Germany